Uwe H. Sültz

Bedienungsanleitung

Operating instructions

PHILIPS NORELCO

EL 3300/01/02

Lou Ottens entwickelte mit seinem Team den Pocket Recorder PHILIPS EL 3300 und die Compact Cassette EL 1903.

Bibliografische Information durch die Deutsche Nationalbibliothek

Die Deutsche Nationalbibliothek verzeichnet diese Publikation in der Deutschen Nationalbibliografie; detaillierte   o rafische Daten sind im Internet über http://dnb.dnb.de abrufbar.

Herstellung und Verlag:

BoD – Books on Demand, Norderstedt, Germany

ISBN 9-78374-9-43637-8

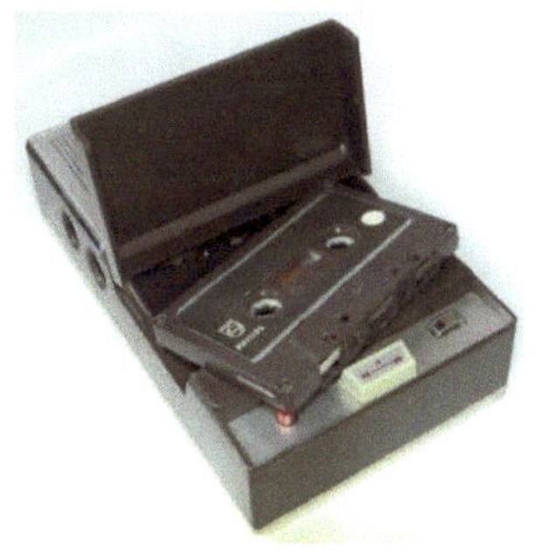

<u>**Herzlichen Glückwunsch zum neuen und weltersten Taschenrecorder EL 3300!**</u>

Sie sind jetzt stolzer Besitzer dieses handlichen Taschenrecorders und können überall und jederzeit Aufnahmen herstellen und Aufnahmen wiedergeben. Die Bedienung ist sehr einfach, sodass Sie die Handgriffe bald automatisch ausführen können.

Eine der vielen Anwendungsmöglichkeiten dieses Taschenrecorders:

Wenn Sie über ein Tonbandgerät verfügen, können Sie auf einfache Weise Tonmontagen mit dem Taschenrecorder herstellen. Dies ist besonders für Schmalfilm- oder Diavorführungen interessant. – Außerdem können Sie Musik und Reportagen aus dem Radio aufnehmen.

<u>**Congratulations to the new and world first pocket recorder EL 3300!**</u>

You are now the proud owner of this handy pocket recorder and can record and record anytime, anywhere. Operation is very simple, so you will be able to run the handles automatically soon.

One of the many applications of this pocket recorder:

If you have a tape recorder, you can easily make sound montages with the pocket recorder. This is especially interesting for short film or slide shows. - You can also record music and reports from the radio.

•WORLD'S FIRST!•

PHILIPS EL3300 CASSETTE REC/PLAYER

& TAPE CARTRIDGES (*cassette tapes*)

launched at the Berlin Radio Show 30th August 1963

and in the UK a year later in 1964

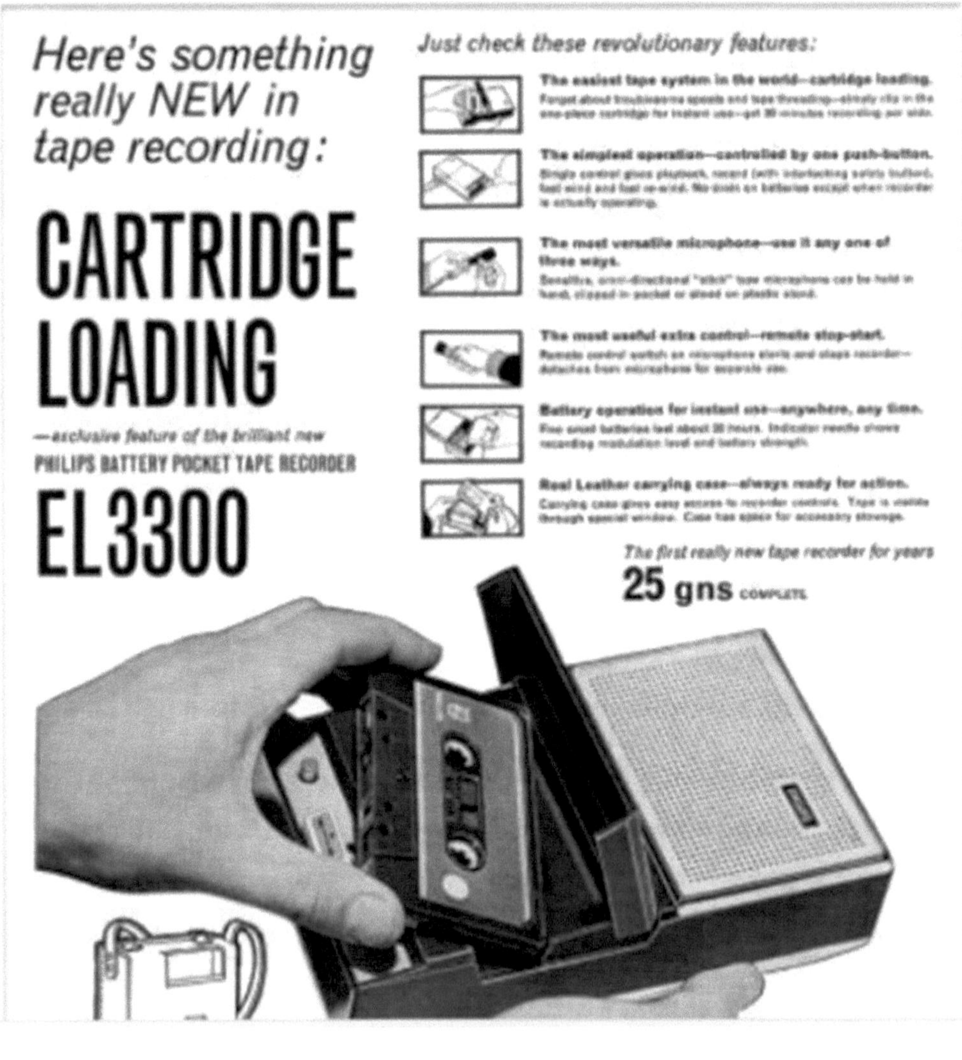

Einsetzen der Batterien

Es werden 5 Batterien mit je 1,5 Volt vom Typ BABY-ZELLEN benötigt. Deckel des Batteriefaches abnehmen. Dazu den Schieber in Pfeilrichtung schieben. Batterien entsprechend des Aufdruckes einsetzen. Deckel schließen.

Die Lebensdauer eines Satzes Batterien beträgt etwa 20 Stunden. Sie hängt von der durchschnittlichen Benutzung des Taschenrecorders pro Tag, sowie von der Lautstärke bei Wiedergabe ab.

Wenn der Taschenrecorder längere Zeit nicht benutzt wird, Batterien herausnehmen und kühl und trocken lagern.

Kontrolle der Batteriespannung

Die Batteriespannung kann mit der eingebauten Aussteuerungs-/Batteriespannungsanzeige kontrolliert werden. Hierzu den Bedienknopf in Richtung START drücken. Der Zeiger der Anzeige muss jetzt bis ins grüne Feld ausschlagen. Bleibt der Zeiger im roten Bereich stehen, sind die Batterien unbrauchbar und auszutauschen. Anschließend den Bedienknopf wieder in Richtung STOPP bewegen.

Inserting the batteries

5 batteries with 1.5 volts each of type **BABY CELLS** are required. Remove the cover of the battery compartment. To do this, slide the slider in the direction of the arrow. Insert batteries according to the imprint. To close the lid.

The life of a set of batteries is about 20 hours. It depends on the average use of the pocket recorder per day, as well as the volume during playback.

If the recorder is not used for a long time, remove the batteries and store in a cool, dry place.

Check the battery voltage

The battery voltage can be controlled with the built-in level meter / battery voltage indicator. To do this, press the control knob in the direction of **START**. The pointer of the ad must now turn into the green field. If the pointer remains in the red zone, the batteries are unusable and must be replaced. Then move the control knob towards **STOP**.

Einsetzen der Compact Cassette

Den Deckel aufklappen. Dabei den Taschenrecorder mit der anderen Hand festhalten. Der Deckel kann auf Wunsch abgenommen werden. Die Kassette einsetzen und zwar so, dass sich die volle Spule links befindet. Siehe Bilder...

Den Bedienknopf in Richtung der eingelegten Compact Cassette schieben, und die Kassette beginnt zu spielen. Hier bei einem Taschenrecorder der neusten Generation EL 3302:

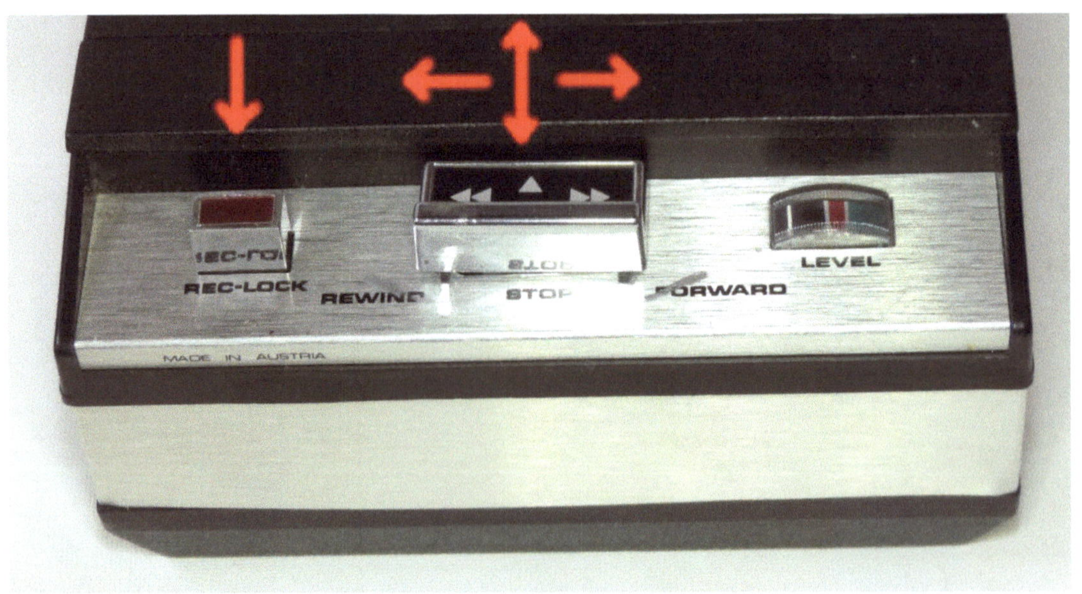

Schneller Vor- und Rücklauf

Im STOPP-Zustand wird der Bedienknopf nach links oder rechts gedrückt und gehalten. Nach links gedrückt ist der Rücklauf. Nach rechts gedrückt wird vorgespult.

Inserting the Compact Cassette

Open the lid. Hold the pocket recorder with your other hand. The lid can be removed if desired. Insert the cassette in such a way that the full spool is on the left. See pictures…

Slide the control knob towards the inserted compact cassette and the cassette starts to play. Here at a pocket recorder of the latest generation EL 3302:

Fast forward and rewind

In the STOP state, the control knob is pressed and held left or right. Pressed to the left is the return. Pressed to the right is rewound.

Zweite Spur und Spieldauer

Ist die rechte Spule vollständig aufgespult, so kann die Kassette umgedreht werden. Die Kassette herausnehmen, umdrehen und wie auf den Bildern gezeigt wieder einsetzen. Man benutzt dann die zweite Spur.

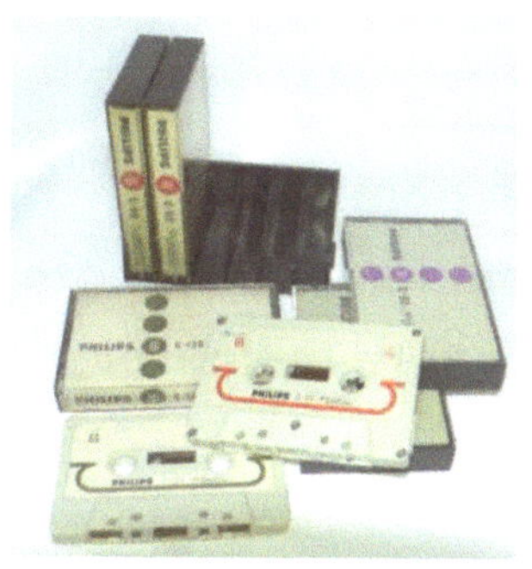

Die Spieldauer einer Compact Cassette beträgt

2 x 30 Minuten

2 x 45 Minuten

2 x 60 Minuten

Bandlängenanzeige

Die Kassette kann in jedem gewünschten Augenblick umgedreht werden. Ein vollständiges Abspielen ist nicht nötig. Dadurch lassen sich bei der Wiedergabe bestimmte Aufnahmen leicht aufsuchen. Hierzu befindet sich auf der Kassette eine Bandlängenanzeige.

Second track and playing time

If the right-hand reel is completely wound up, the cassette can be turned over. Remove the cassette, turn it over and replace it as shown in the pictures. You then use the second lane.

The playing time of a compact cassette is

2 x 30 minutes

2 x 45 minutes

2 x 60 minutes

Tape length indicator

The cassette can be turned over at any moment. A complete playback is not necessary. This makes it easy to find specific shots during playback. For this purpose there is a tape length indicator on the cassette.

<u>**Anschlüsse der Geräte EL 3300 und EL 3301**</u>

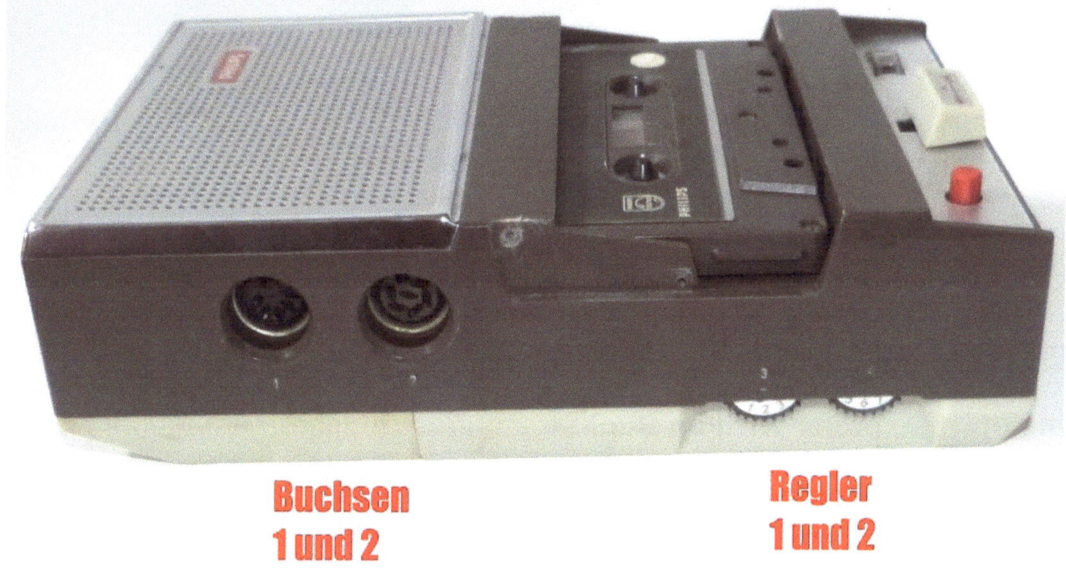

<u>Mikrofon</u>

Runden, dreipoligen Stecker des Mikrofonkabels an die Buchse 1 anschließen. Sowie den runden, fünfpoligen Stecker des START/STOPPKABELS an die Buchse 2 anschlleßen.

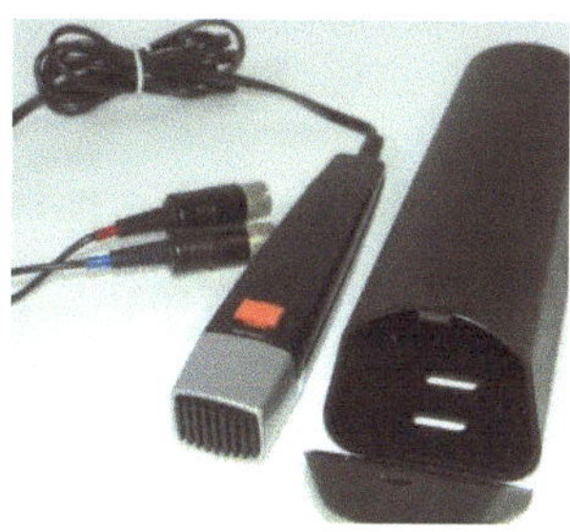

<u>Radio</u>

Ein Radio wird mit einem Verbindungskabel an die Buchse 1 des Taschenrecorders angeschlossen. Mit diesem Kabel (siehe Zubehör) wird über ein Radio aufgenommen und wiedergegeben.

Uwe H. Sültz Lünen

Plattenspieler

Ein Plattenspieler wird an Buchse 1 angeschlossen, um Musik aufzunehmen.

Tonbandgerät

Für Überspielungen von einem Tonbandgerät wird das Tonbandgerät an Buchse 1 angeschlossen.

Connections of the devices EL 3300 and EL 3301

Microphone

Connect the round, three-pin plug of the microphone cable to socket 1. Then connect the round, five-pin plug of the START / STOP CABLE to the socket 2.

Radio

A radio is connected with a connection cable to the jack 1 of the pocket recorder. This cable (see accessories) is recorded and played back on a radio.

Record player

A turntable is connected to jack 1 to record music.

Tape recorder

For dubbing from a tape recorder, the tape recorder is connected to socket 1.

Anschlüsse des EL 3302

Bei dem Recorder EL 3302 kann zusätzlich ein externer Lautsprecher angeschlossen werden. Alle weiteren Anschlüsse gelten wie beim EL 3300/01. Die Lautstärke wird mit dem Lautstärkeregler 2 eingestellt. Ebenso lässt sich ein Kopfhörer an diese Buchse anschließen.

Connections of the EL 3302

With the recorder EL 3302 an additional external loudspeaker can be connected. All other connections are the same as for the EL 3300/01.

<u>**Mikrofon-Fernbedienung**</u>

Am Mikrofon befindet sich ein abnehmbarer START/STOPP-Schalter.

Dieser Schalter unterbricht die Batteriespannung des

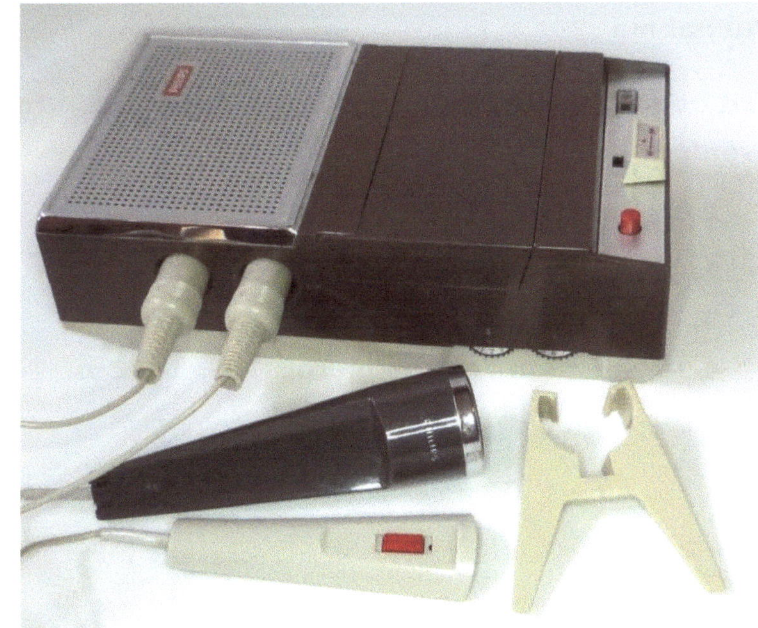

Taschenrecorders. So kann der Recorder während der Aufnahme und Wiedergabe mit der Fernbedienung gestartet und gestoppt werden. Vorteilhaft ist der START/STOPP-Schalter auch bei Aufnahmen vom Radio oder von der Schallplatte.

<u>**Microphone remote**</u>

The microphone has a removable START/STOP switch.

This switch interrupts the battery voltage of the pocket recorder. This allows the recorder to be started and stopped during recording and playback with the remote control. The START / STOP switch is also advantageous when recording from the radio or the record.

<u>**Aufnahme**</u>

Mit dem Taschenrecorder können folgende Aufnahmen gemacht werden:

1. **Über das Mikrofon**
2. **Von einem Rundfunkempfänger**
3. **Von einem Plattenspieler**
4. **Von einem Tonbandgerät**

Regler 2 (auf dem Recorder mit 4 gekennzeichnet) auf „0" drehen. Der rote Aufnahmekopf ist zu drücken und festzuhalten. Danach den Bedienungsknopf in Richtung der zuvor eingelegten Compact Cassette zu schieben. Als Zeichen, dass der Taschenrecorder eingeschaltet ist, wird unter dem Bedienknopf eine rote Anzeige sichtbar! Das Band beginnt zu laufen.

Jetzt den Aussteuerungsregler 2 (auf dem Recorder mit 4 gekennzeichnet) so einstellen, dass die lautesten Stellen nur kurz

im roten Bereich des Anzeigeinstrument zu finden sind. Der Zeiger darf nicht ständig im roten Bereich oder darüber sein, dann übersteuert die Aufnahme. Eine richtig eingestellte Aussteuerung gewährleistet eine gute Tonqualität.

Die Aufnahme wird dadurch beendet, dass der Bedienknopf zurückgezogen wird. Wenn das Band am Ende stehen bleibt, sind Motor und Elektronik des Recorders noch in Betrieb. Bitte ziehen Sie auch dann den Bedienknopf zurück!

Bilder als Beispiel mit einer Mikrofonaufnahme:

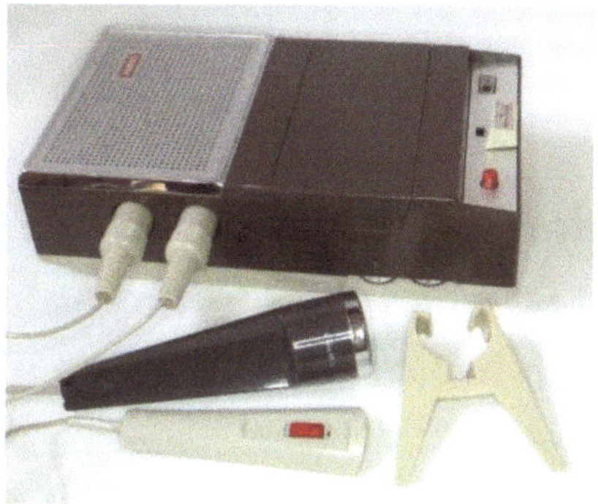

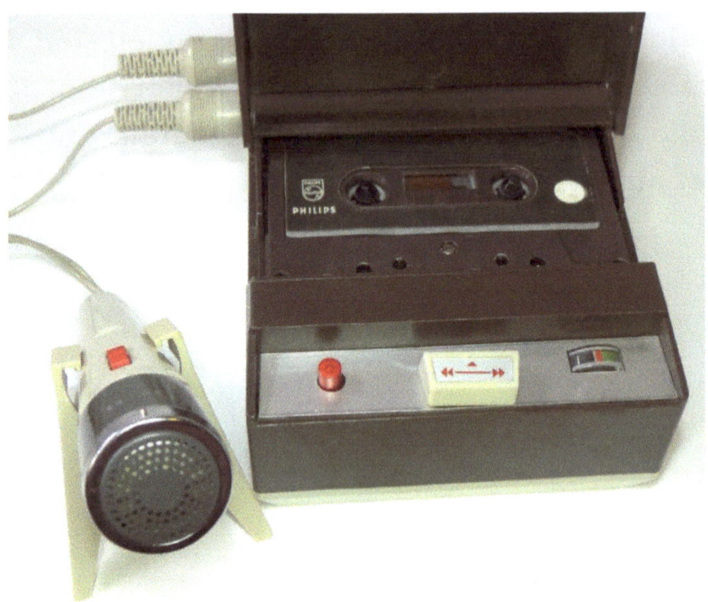

Die Pfeile zeigen auf den EIN/AUS-Schalter am Mikrofon, auf die Kassette (Bandwickel ist links), den roten Aufnahmeknopf, den Bedienungsknopf, die sichtbare rote Anzeige und das Aussteuerungsinstrument.

<u>**Recording**</u>

With the pocket recorder the following pictures can be taken:

1. About the microphone

2. From a radio receiver

3. From a turntable

4. From a tape recorder

Turn knob 2 (labeled 4 on the recorder) to "0". The red pickup head should be pressed and held. Then push the control knob in the direction of the previously inserted Compact Cassette. As a sign that the pocket recorder is switched on, a red indicator is visible under the control knob! The tape starts to run.

Now set the volume control 2 (marked 4 on the recorder) so that the loudest points are only briefly in the red area of the display instrument. The pointer must not be constantly in the red area or above, then overrides the recording. A correctly adjusted modulation ensures good sound quality.

The recording is ended by the control knob being retracted. If the tape stops at the end, the motor and electronics of the recorder are still in operation. Please then pull the control knob back!

Pictures as example with a microphone recording:

The arrows point to the ON / OFF switch on the microphone, to the cassette (tape roll left), the red record button, the control knob, the visible red indicator and the meter.

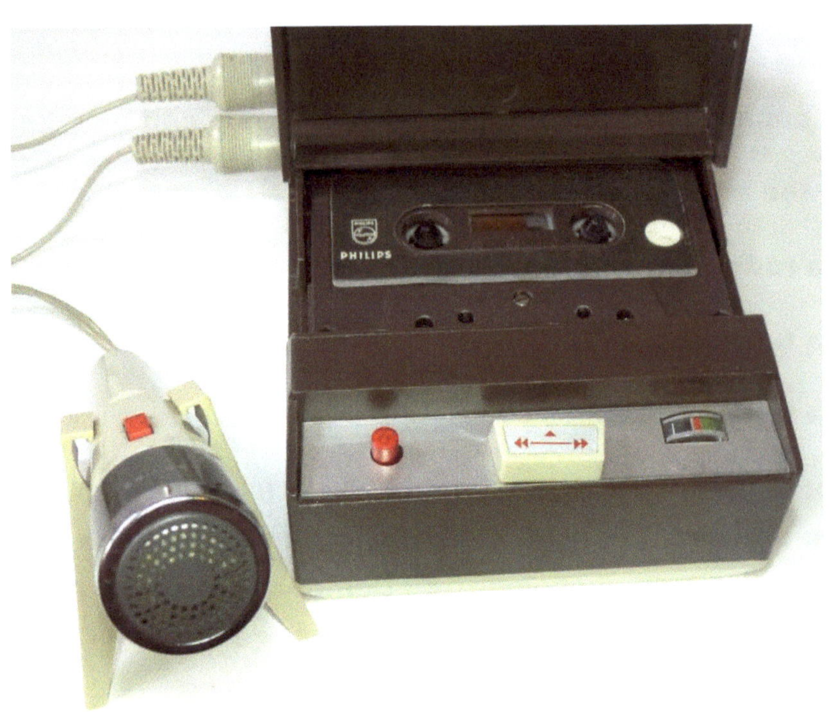

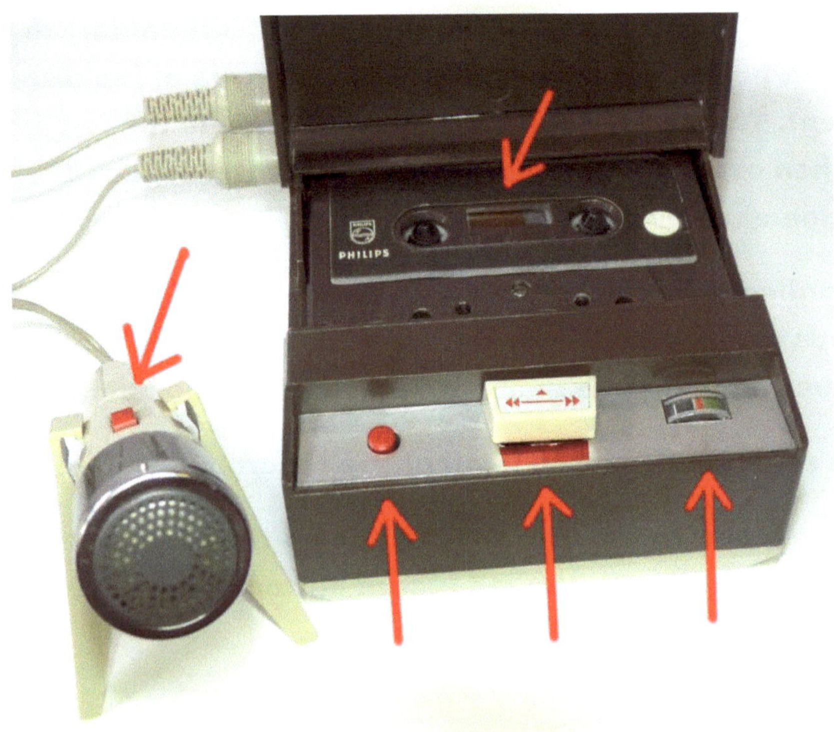

<u>**Schneller Vor- und Rücklauf**</u>

Wird der Bedienungsknopf nach links gedrückt und gehalten, so wird das Band schnell zurückgespult. Wird der Bedienungsknopf nach rechts gedrückt und gehalten, so wird das Band schnell vorgespult.

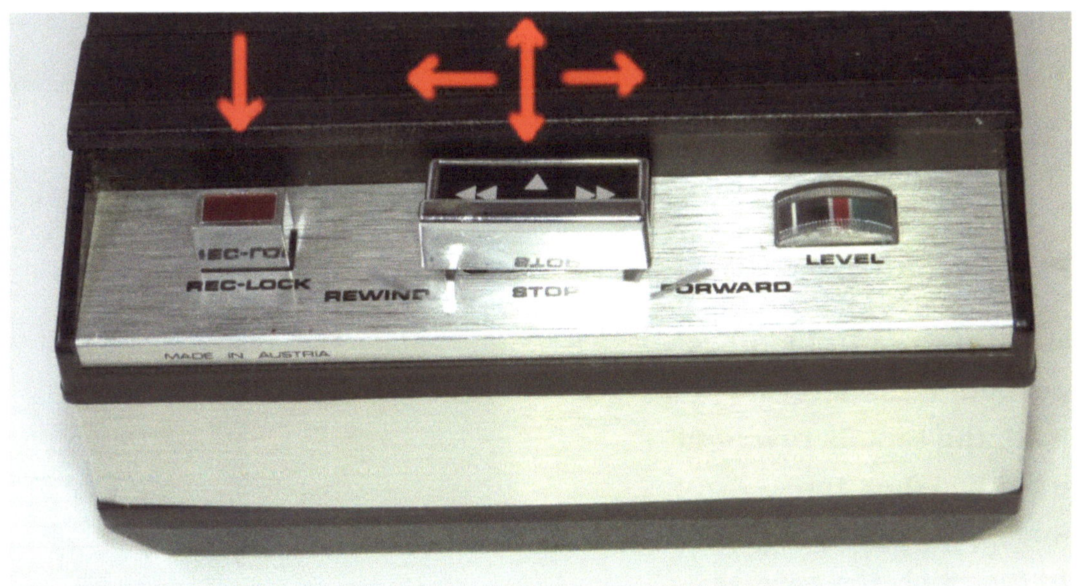

<u>**Wiedergabe beim EL 3300 und 3301**</u>

Über den eingebauten Lautsprecher kann die Aufnahme abgespielt werden. Mit dem Einstellregler 1 (auf dem Recorder mit 3 bezeichnet) wird die Lautstärke eingestellt.

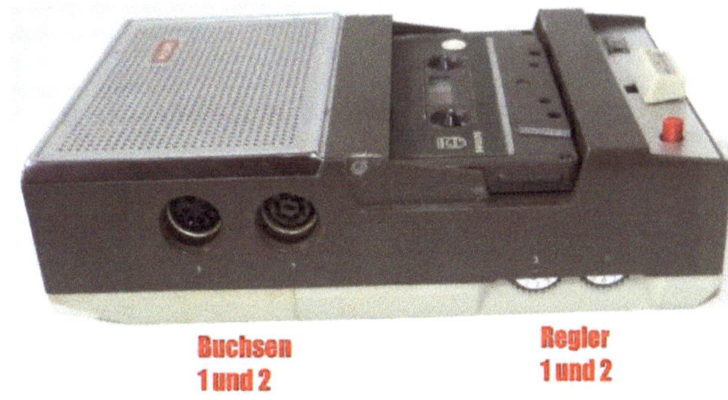

**Die Wiedergabe kann
auch über ein
Rundfunkempfänger, über
einen Verstärker oder
über ein Tonbandgerät
erfolgen. Dazu wird ein
DIN-Kabel in die Buchse
1 gesteckt und mit dem
Empfänger verbunden.**

Fast forward and reverse

**When the control knob is
pushed to the left and
held, the tape is rewound
quickly. When the control
knob is pushed and held
to the right, the tape is
fast-forwarded.**

Playback on the EL 3300 and 3301

**The recording can be played back via the built-in loudspeaker. The
volume control is set with the control dial 1 (labeled 3 on the
recorder).**

**The playback can also be done via a radio receiver, an amplifier or
a tape recorder. To do this, a DIN cable is plugged into socket 1
and connected to the receiver.**

<u>**Wiedergabe beim EL 3302**</u>

Der neue Recorder EL 3302 verfügt über einen externen Lautsprecheranschluss. Hier kann eine Lautsprecherbox angeschlossen werden, aber auch ein Kopfhörer mit Lautsprechersteckern.

<u>**Playback on the EL 3302**</u>

The new recorder EL 3302 has an external speaker connection. Here, a speaker can be connected, but also a headphone with speaker plugs.

Kopfhörer

Beim EL 3300 und EL 3301 können Kopfhörer an Buchse 2 angeschlossen werden. Die Lautstärke ist konstant. Auf diese Weise kann eine Aufzeichnung abgehört werden, ohne dass die Umgebung gestört wird.

Eine Neuerung ist beim EL 3302 die externe Lautsprecherbuchse. An diese Buchse kann auch ein Kopfhörer angeschlossen werden. Die Lautstärke wird mit dem Lautstärkeregler gesteuert.

Headphone

For the EL 3300 and EL 3301 headphones can be connected to socket 2. The volume is constant. In this way, a recording can be intercepted without disturbing the environment.

One innovation is the external loudspeaker socket on the EL 3302.
A headphone can also be connected to this jack. The volume is
controlled by the volume control.

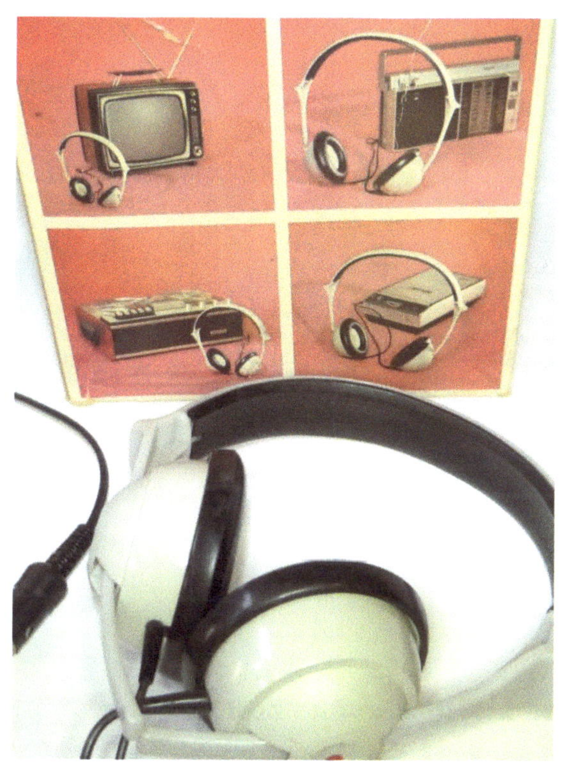

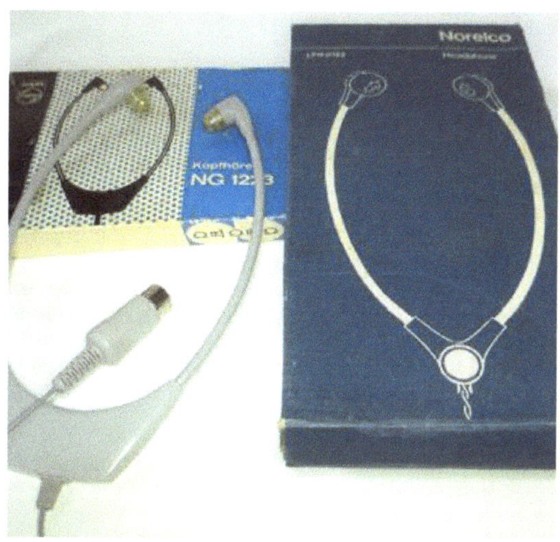

Netzbetrieb

Überall dort, wo ein Netzanschluss zur Verfügung steht, kann der Taschenrecorder mit einem Netzvorschaltgerät betrieben werden. Das Netzvorschaltgerät wird an Buchse 2 angeschlossen. Dabei werden automatisch die Batterien abgeschaltet.

Mains operation

Wherever a mains connection is available, the pocket recorder can be operated with a mains ballast. The mains ballast is connected to socket 2. The batteries are automatically switched off.

Tragetasche

In der Tragetasche befinden sich Ausschnitte für die Bedienungsknöpfe und Anschlussbuchsen. In der Tasche gibt es Raum für das Gerät, das Mikrofon und ein Verbindungskabel.

Carry bag

The carrying case contains cut-outs for the control buttons and connection sockets. In the bag there is room for the device, the microphone and a connection cable.

Der Taschenrecorder kann mit oder ohne Kassettenklappe benutzt werden. Die eingelegte Kassette bleibt immer am dafür vorgesehenen Platz. Das nachfolgende Bild zeigt die entnommene Kassettenklappe, sowie eine der Neuerungen beim EL 3301.

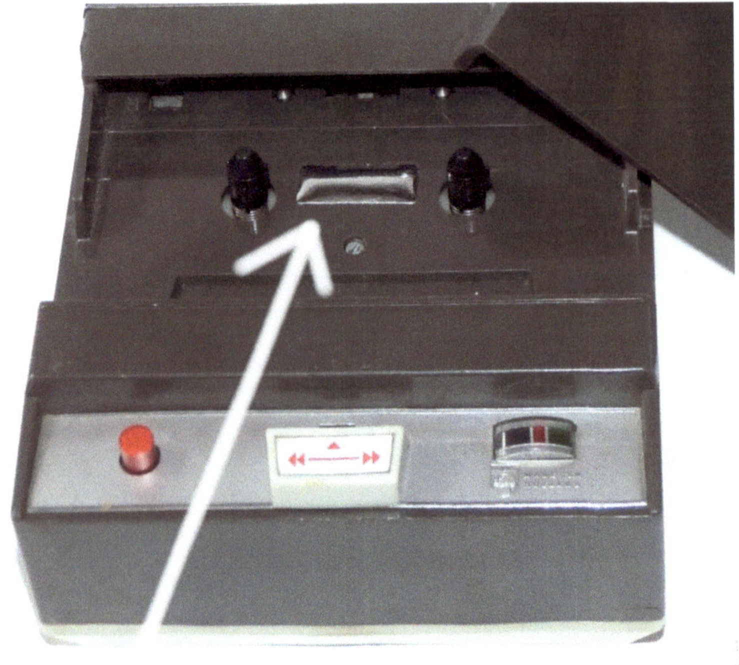

The pocket recorder can be used with or without cassette flap. The inserted cassette always remains in the space provided. The following picture shows the removed cassette flap as well as one of the new features of the EL 3301.

Das neue edle Modell EL 3302

Neben zahlreichen Neuerungen sieht der neue Taschenrecorder nun auch sehr edel aus. Schauen Sie sich den neuen Compact Cassetten Recorder einmal bei Ihrem Händler an.

The new noble model EL 3302

In addition to numerous innovations, the new pocket recorder now looks very classy. Have a look at the new Compact Cassette Recorder at your dealer.

Ob von PHILIPS oder NORELCO, der neue Compact Cassetten Recorder sieht sehr edel aus.

Whether from PHILIPS or NORELCO, the new compact cassette recorder looks very classy.

Compact Cassetten

Compact Cassetten sind in den Längen mit 60 Minuten, 90 Minuten und 120 Minuten erhältlich. Diese neuen Compact Cassetten sind ab 1965 erhältlich.

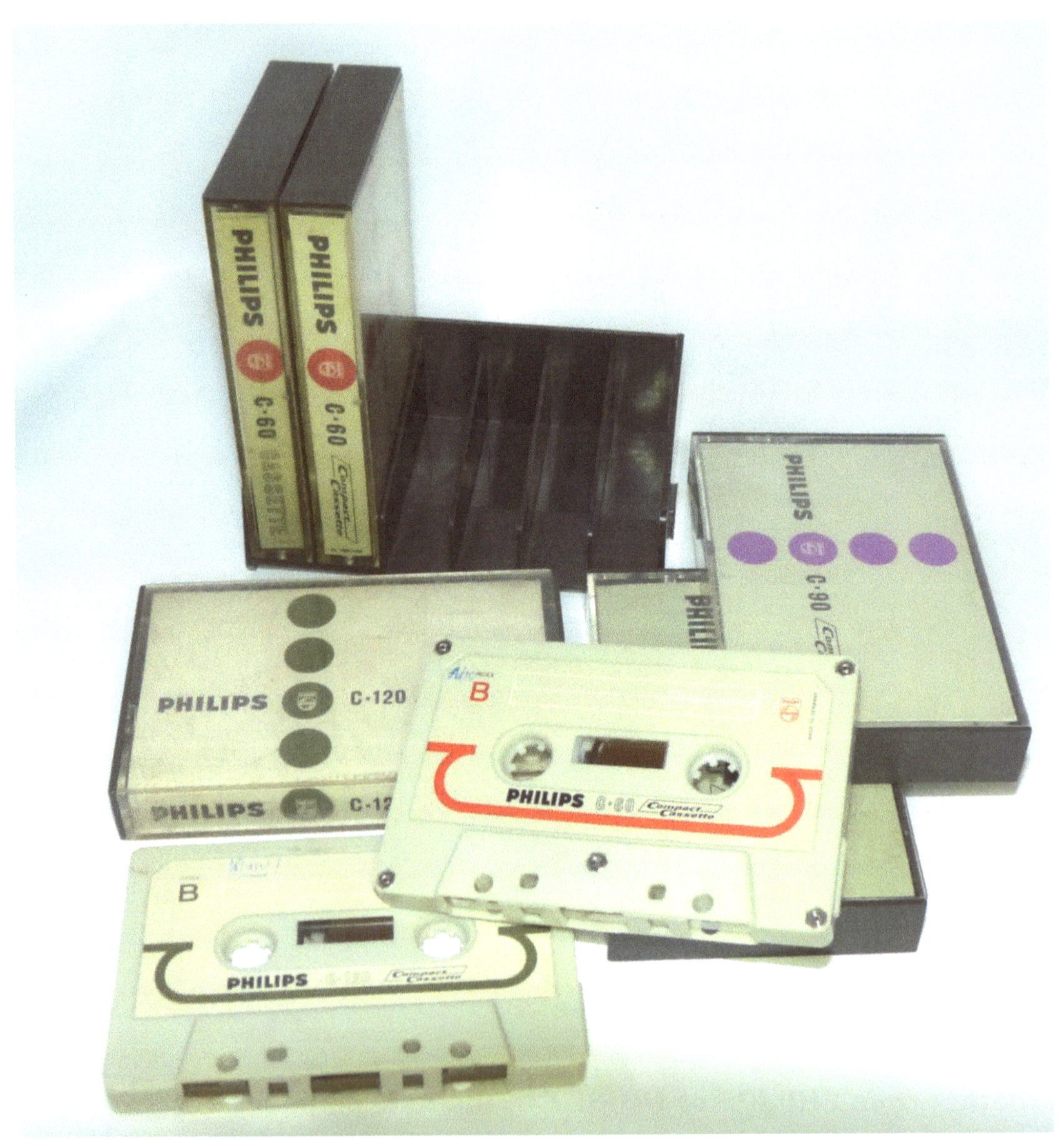

Compact cassettes

Compact cassettes are available in lengths of 60 minutes, 90 minutes and 120 minutes. These new compact cassettes are available from 1965.

So far, the following compact cassettes were available from 1963:

Bislang waren ab 1963 folgende Compact Cassetten erhältlich:

<u>**MusiCassetten**</u>

Ab 1965 können die ersten 24 fertig bespielten Musik-Kassetten, (MusiCassetten) erworben werden. Weitere werden folgen. Gestartet wird mit der MusiCassette 01 001:

From 1965, the first 24 pre-recorded music cassettes, (MusiCassetten) can be purchased. Others will follow. It starts with the MusiCassette 01 001.

PHILIPS
C·60
Compact Cassette
PHILIPS
C·90
Compact Cassette
PHILIPS
C·120
Compact Cassette
PHILIPS
MY FAIR LADY
10001 CDE
PHILIPS
MISA CRIOLLA
MESSE ET CHANTS RELIGIEUX
D'INSPIRATION FOLKLORIQUE ARGENTINE
PHILIPS
STEREO

Buona sera, Vico!
GEORGES BRASSENS
Das ist Berlin
MY FAIR LADY
GEORGES BRASSENS
"les trompettes de la renommée"
EDITH PIAF
JACQUES BREL
Feierabend in den Bergen
DIE ENGEL-FAMILIE SINGT UND SPIELT
MARCHES MILITAIRES BELGES - No. 2
BELGISCHE MILITAIRE MARSEN - No. 2
PHILIPS
MISA CRIOLLA
MESSE D'INSPIRATION FOLKLORIQUE ARGENTINE
STEREO
PHILIPS
MADE IN FRANCE
MISA CRIOLLA
STEREO
1

MusiCassetten
MUSIK
Cassetten
ICH BIN
Vicky
Leandros
NEW SONGS OF THE WORLD
ESTHER & ABI OFARIM

Bespielte Kassetten liegen dem neuen Taschenrecorder EL 3302 bei. Es sind sogenannte KOSTPRBEN:

Recorded cassettes are included nen the new pocket recorder EL 3302. They are so-called KOSTPROBEN.

<u>**Mikrofone**</u>

PHILPS hat weitere Mikrofone im Angebot.

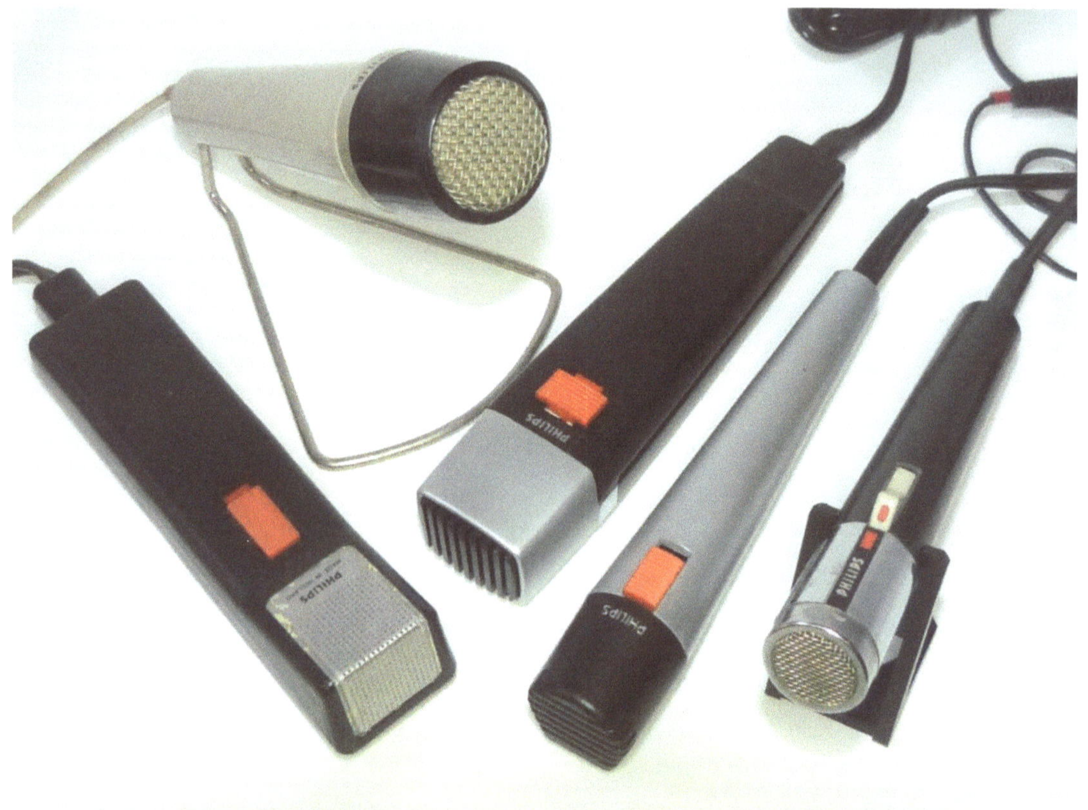

PHILIPS has more microphones on offer.

<u>**Bandsalat**</u>

**Im Handel sind Hilfen für das Aufwickeln von Bändern erhältlich.
Ein Verwickeln von Bändern kann durch Verschmutzung entstehen.
Aber auch ein Bleistift kann für Abhilfe sorgen. Achten Sie daher
darauf, dass der Recorder immer gereinigt wird.**

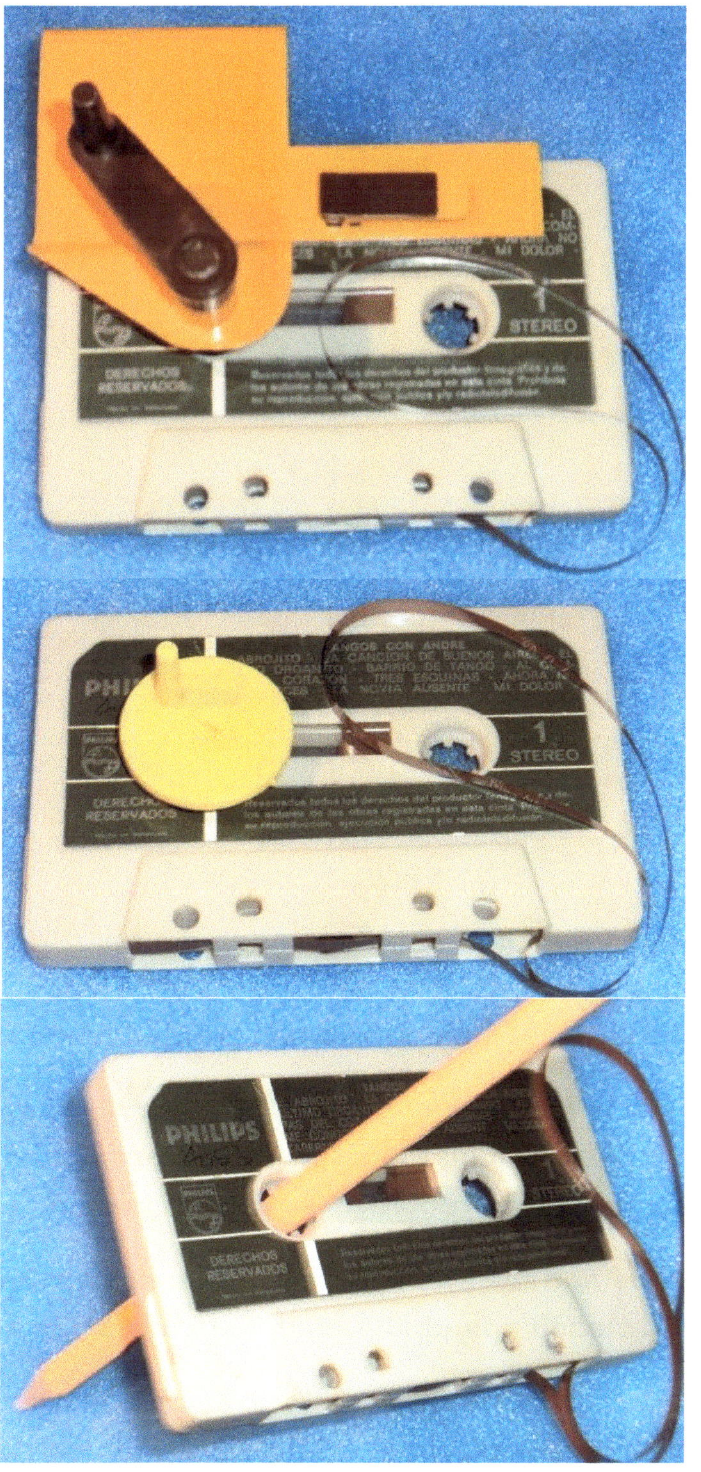
EL
COM.
AHORA NO
LA MI DOLOR
1
STEREO
DERECHOS
RESERVADOS
ABROJITO TANGOS CON ANDRE
ORGANITO BARRIO DE TANGO AL
CORAZON TRES ESQUINAS AHORA
CES LA NOVIA AUSENTE MI DOLOR
PHILIPS
1
STEREO
DERECHOS
RESERVADOS
PHILIPS
DERECHOS
RESERVADOS
1

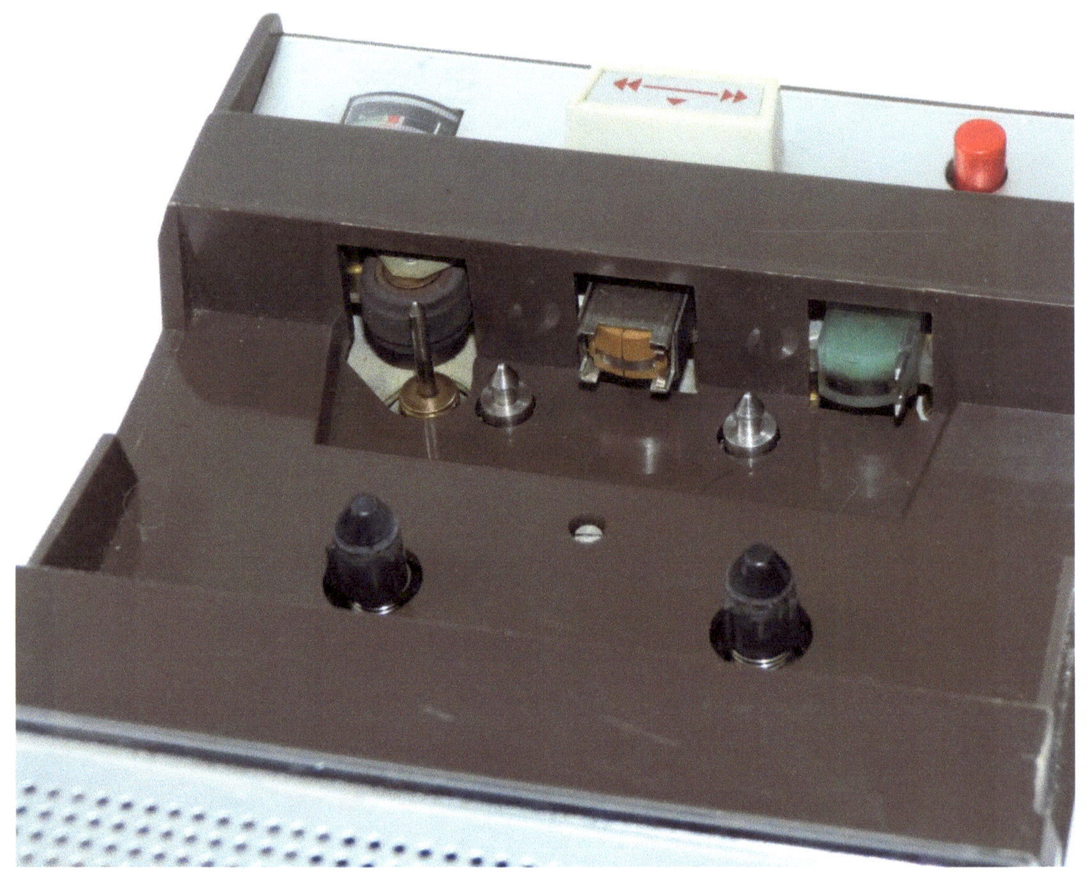

Die Tonköpfe und die Andruckrolle können mit der Reinigungsflüssigkeit ISOPROPANOL gereinigt werden. Reinigungskassetten können verwendet werden, aber eher selten.

Commercially aids for winding tapes are available. Tangling of tapes can be caused by pollution. But even a pencil can provide relief. Make sure that the recorder is always cleaned.

The sound heads and the pressure roller can be cleaned with the ISOPROPANOL cleaning fluid. Cleaning cartridges can be used, but rarely.

Reparatur und Wartung

Ihr Taschenrecorder ist ein Gerät von hoher mechanischer Präzision. Es bedarf dennoch unter normalen Betriebsverhältnissen keiner besonderen Wartung.

Es empfiehlt sich aber, in regelmäßigen Abständen die Tonköpfe, die Andruckrolle und die Bandantriebswelle von Staub zu reinigen. Benutzen Sie einen weichen Lappen und Spiritus, bzw. ISOPROPANOL.

In größeren Abständen, etwa einmal jährlich oder nach etwa 500 Betriebsstunden, ist eine fachmännische Durchsicht ratsam. Ihr Gerät wird dann kontrolliert und nötigenfalls nachgestellt. Auch werden Verschleißteile ausgewechselt. Ihr Fachhändler hält für eine Wartung folgende Einstellkassetten bereit:

Repair and maintenance

Your pocket recorder is a device of high mechanical precision. Nevertheless, it does not require any special maintenance under normal operating conditions.

However, it is recommended to periodically clean the heads, the pinch roller and the capstan from dust. Use a soft cloth and spirit, or ISOPROPANOL.

At longer intervals, about once a year or after about 500 operating hours, a professional review is advisable. Your device will then be checked and readjusted if necessary. Also wear parts are replaced. Your dealer has the following adjustment cassettes ready for maintenance.

Der neue Radiorecorder

Schauen Sie sich doch einmal den neuen Radiorecorder an. Mit ihm lässt sich das Radioprogramm sofort aufnehmen, sowie Mikrofonaufnahmen und vom Plattenspieler.

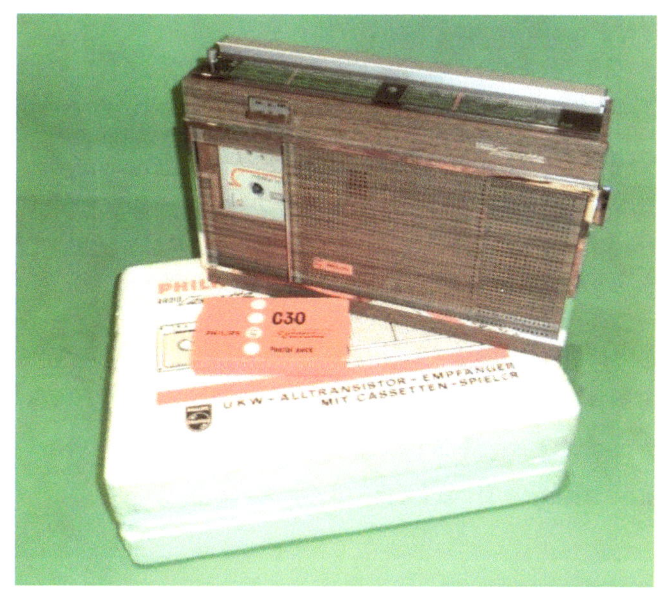

Der zukünftige neue STEREO-Recorder

Freuen Sie sich auf die brandneue Errungenschaft... den STEREO Compact Cassetten Recorder EL 3312. Mit dem Recorder lassen sich echte STEREO-Aufnahmen herstellen, sowie alle MusiCassetten in STEREO abspielen.

The new radio recorder

Take a look at the new radio recorder. With it, the radio program can be recorded immediately, as well as microphone recordings and the turntable.

The future new STEREO recorder

Look forward to the brand new achievement ... the STEREO Compact cassette recorder EL 3312. With the recorder you can produce real STEREO recordings as well as play all music cassettes in STEREO.

Demnächst

Sie stehen in den Startlöchern... die Recorder EL 3303 und EL 3310:

Soon

You are in the starting blocks ... the recorders EL 3303 and EL 3310.

Baugleiche Recorder MADE BY PHILIPS

PHILIPS-Chassis werden bei vielen anderen Herstellern eingebaut

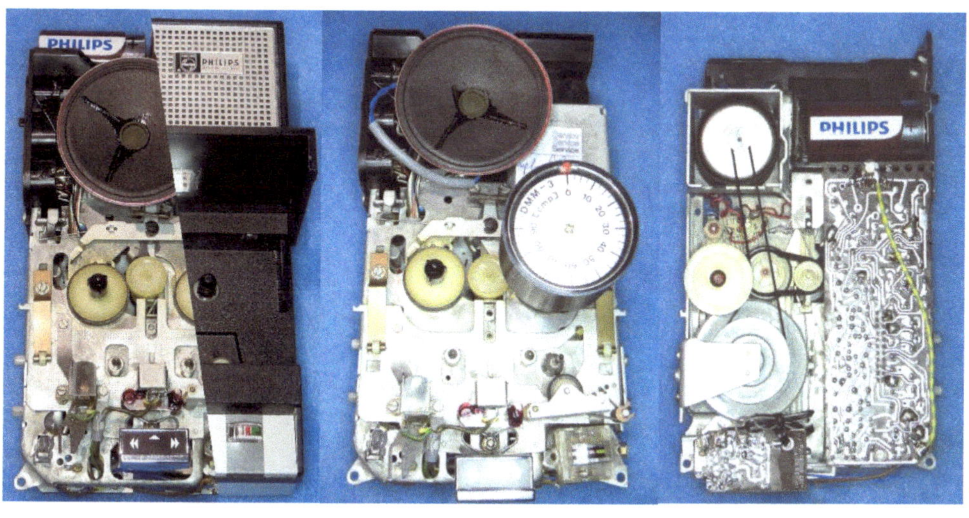

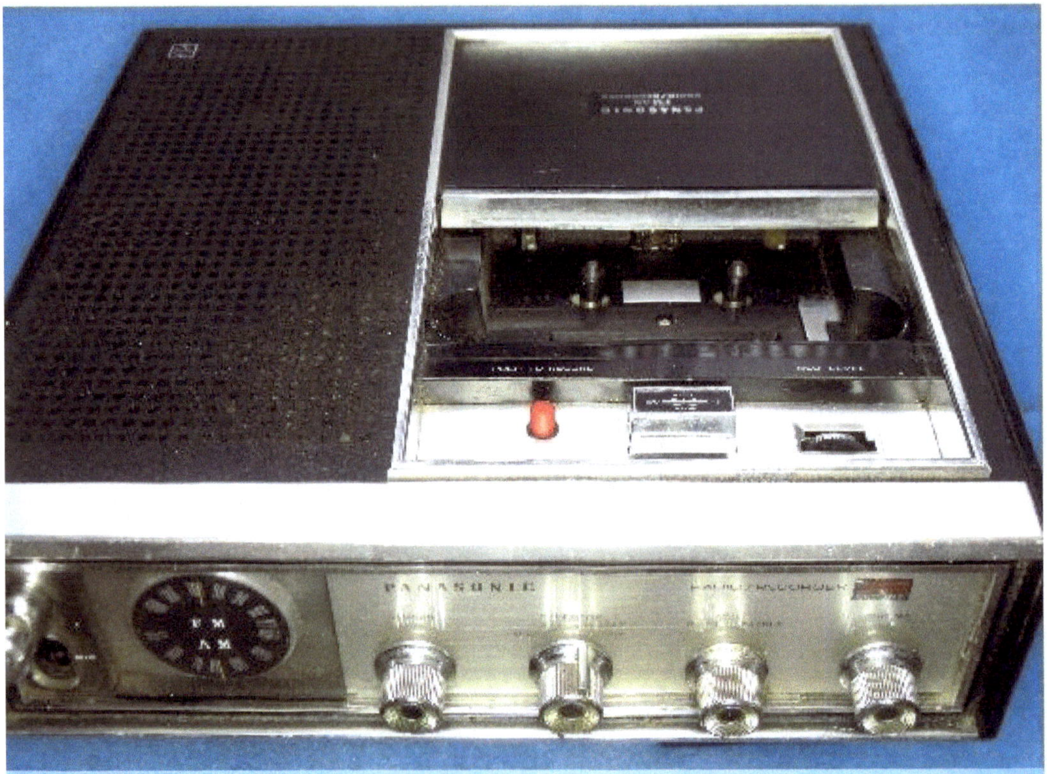

PANASONIC
EM AM
PANASONIC RADIO RECORDER
PHILIPS
FORWARD PLAY REWIND
REC
RR 800
RADIORECORDER
EJECT

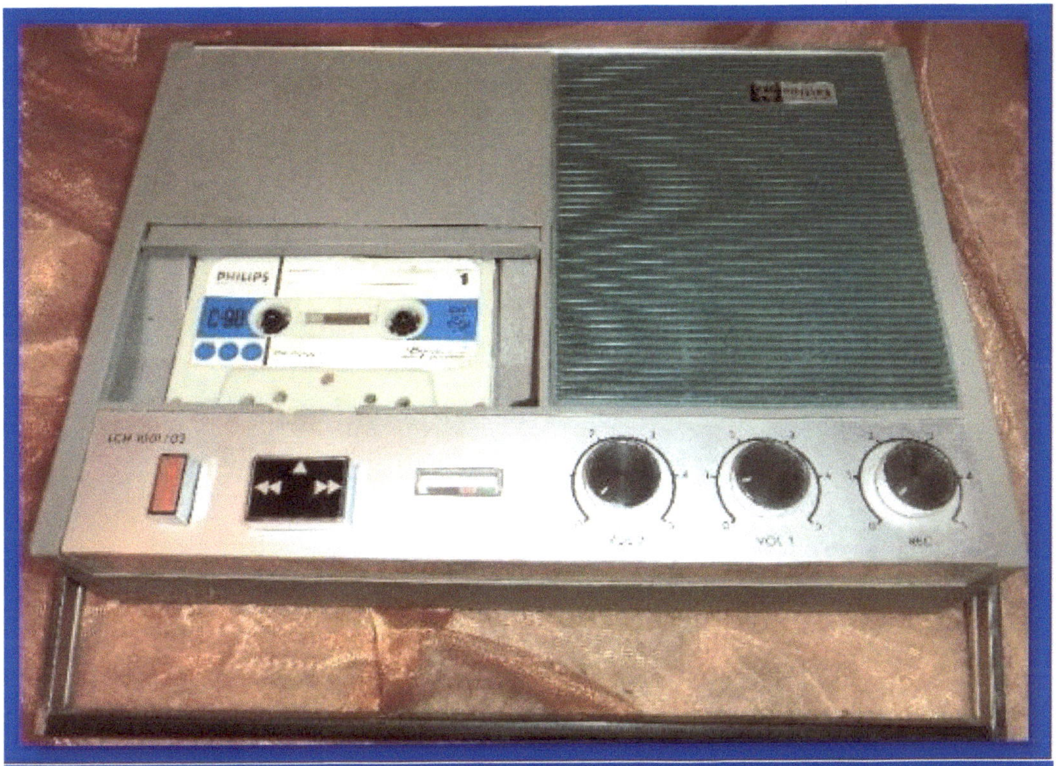

PHILIPS
C-90
LCM 1601/02
VOL 2
VOL 1
REC

PHILIPS

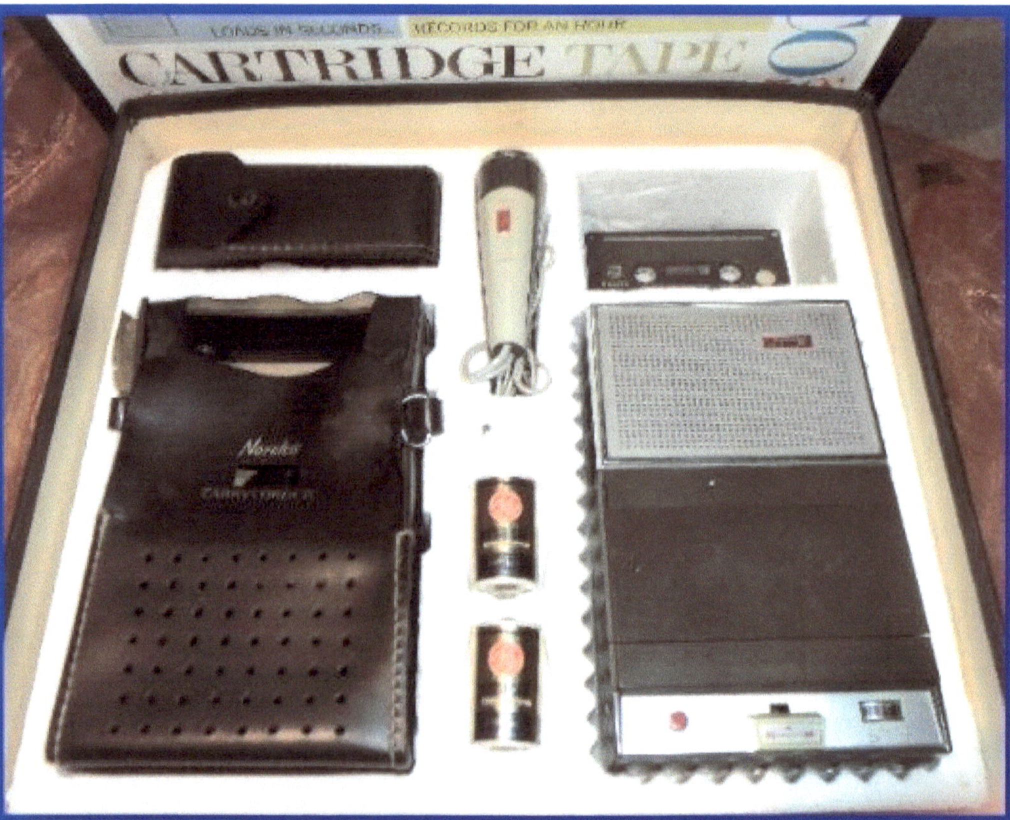

Die **MusiCassetten** — erste fertig bespielte Compact-Cassetten

Ein Bildband mit einer Auswahl an MusiCassetten von PHILIPS und weiteren Herstellern

CARTRIDGE TAPE
CARRY-CORDER '150'

NORELCO

the TAPE RECORDER ACCESSORIES

Norelco

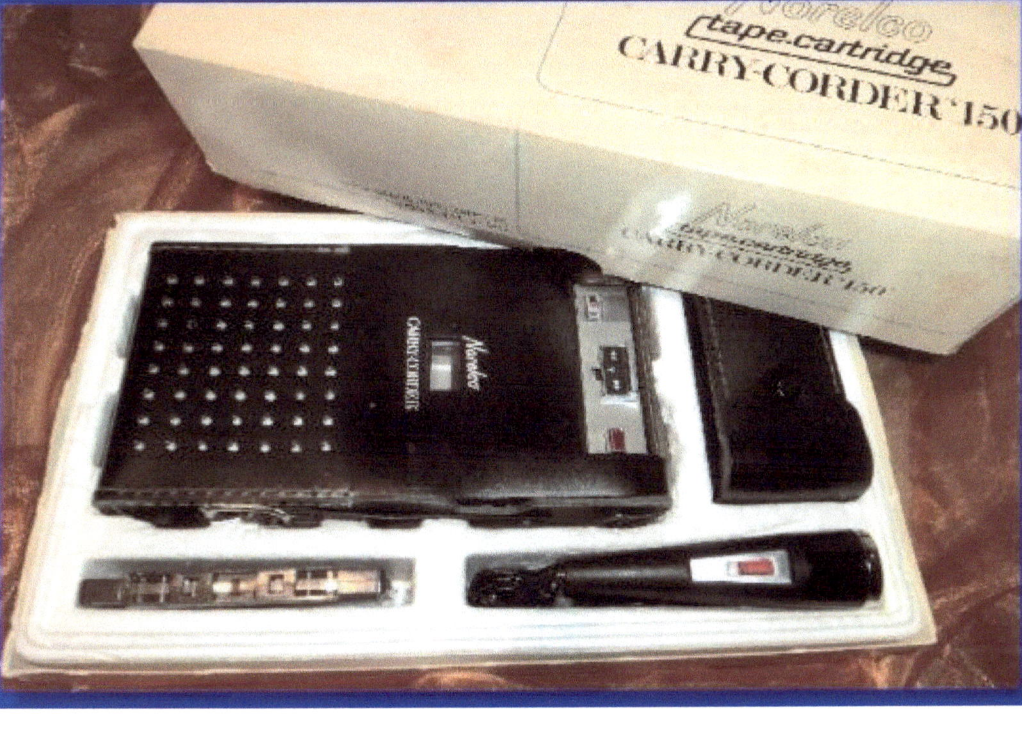

EL-96A

Norelco
tape.cartridge
CARRY-CORDER '150'

CARRY-CORDER '150'

Norelco
tape.cartridge
CARRY-CORDER '150'

PHILIPS
MAGNETO

UKW-ALLTRANSISTOR-EM
MIT CASSETTEN-

Wollensak 4200 CASSETTE LOADING / SOLID STATE / PORTABLE TAPE
Wollensak

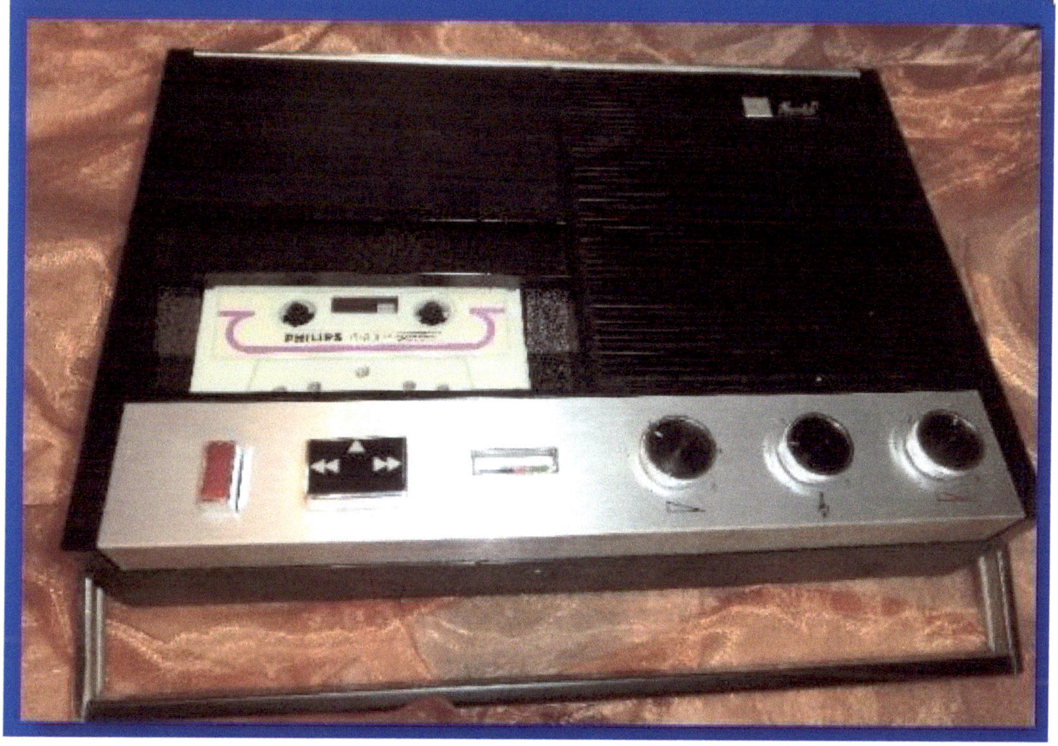

PHILIPS

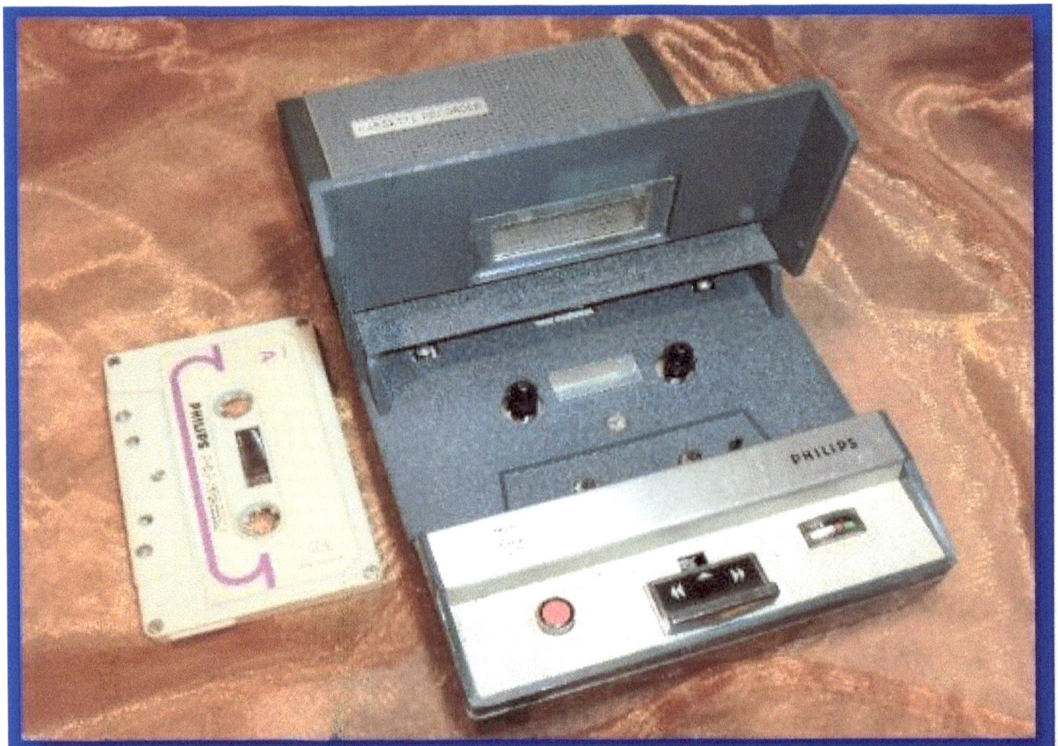

PHILIPS
PHILIPS

Wollensak

PANASONIC

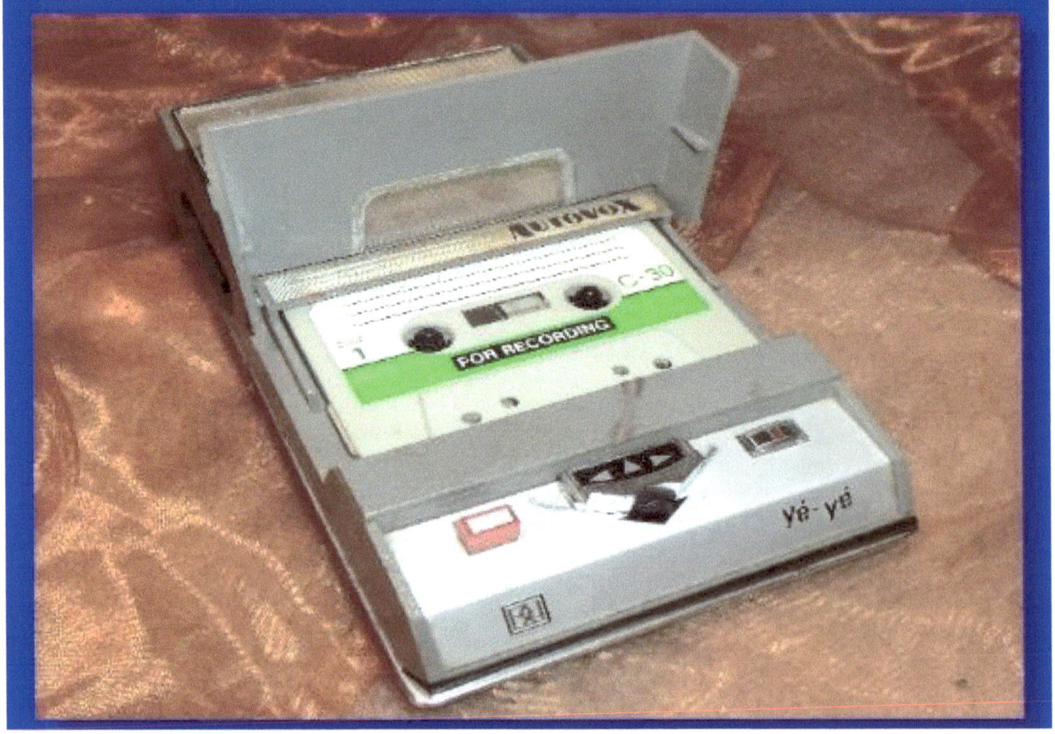

Wollensak 3M

AUTOVOX
C-30
FOR RECORDING
yé-yé

REC.
REWIND
FORWARD

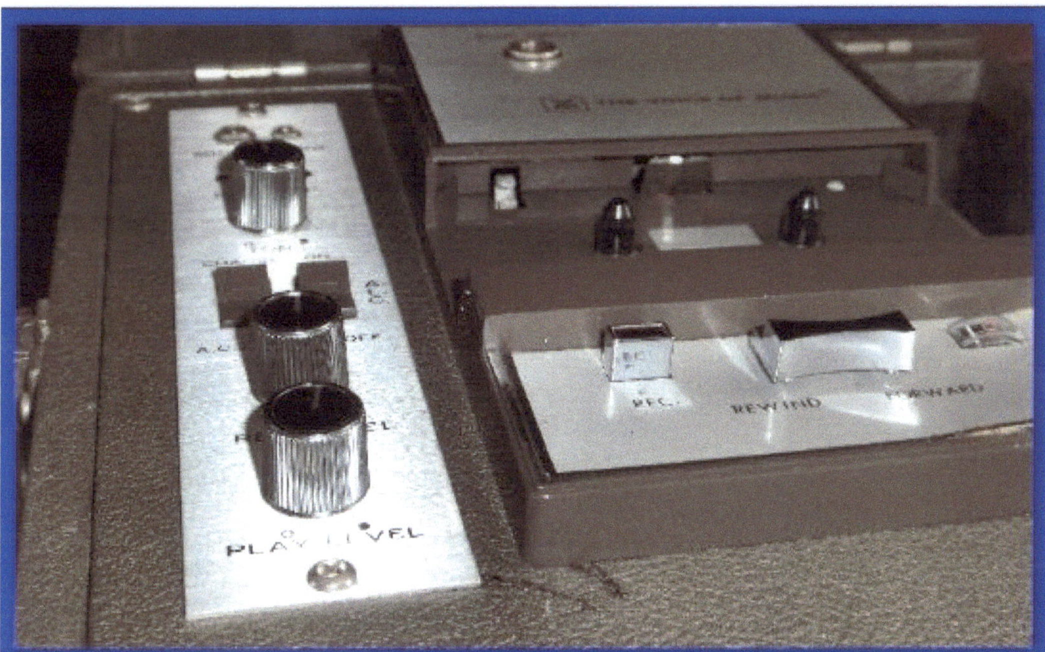

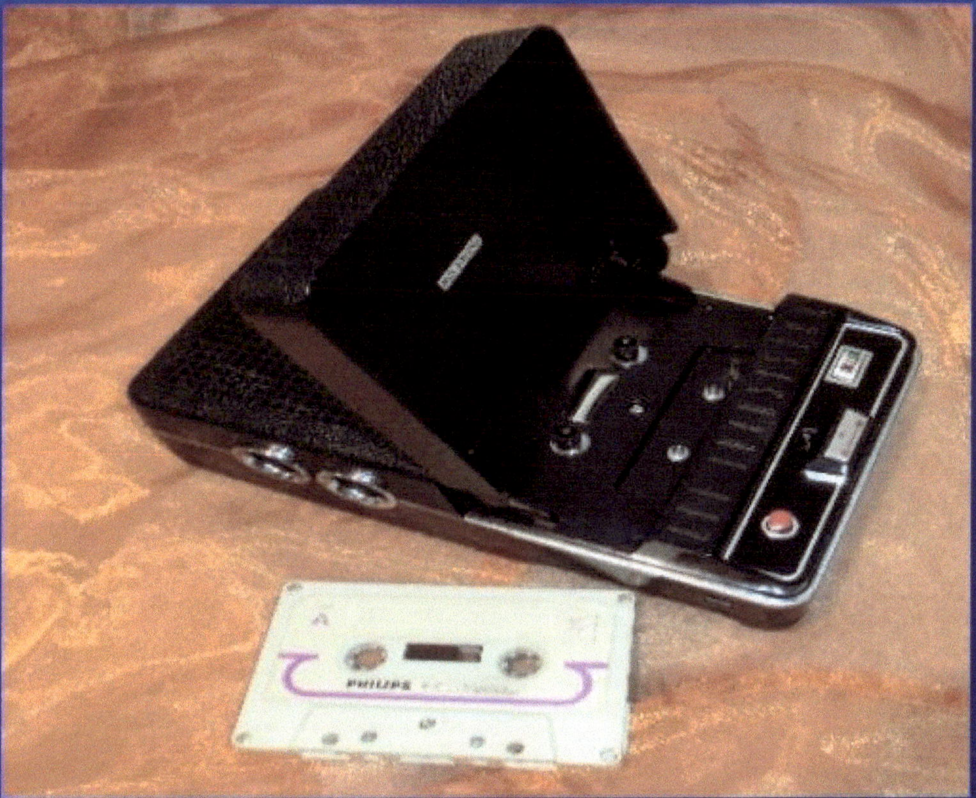
PHILIPS

Erster Stereo-Recorder 1967

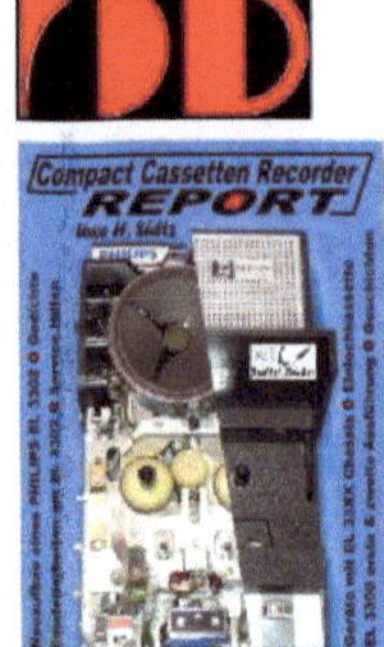

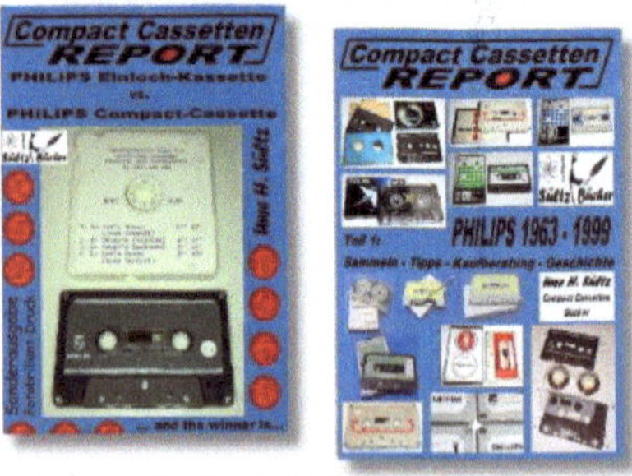